PORTULAN

DU CAP HORN

OU DESCRIPTION

DU CAP PILARÈS AU CAP HORN,

COTES DU BRÉSIL, FLEUVE DE LA PLATA,

MONTÉVIDÉO ET BUENOS-AYRES,

Par les capitaines KING et WEDDELL.

Traduit sur leur manuscrit

PAR UN CAPITAINE DE CORVETTE.

Suivi d'un tableau des Iles, Bancs et Récifs qui ne sont pas portés sur les Cartes françaises.

PRIX : 4 FRANCS.

A TOULON.

CHEZ BELLUE, LIBRAIRE-EDITEUR, PLACE D'ARMES.

1839.

Toulon.— Imprimerie Bellue dirigée par A. Baume,
rue Royale n° 29.

PORTULAN

DU CAP PILARÈS AU CAP HORN.

DU CAP PILARÈS AU CAP HORN.

Du cap Pilarès au cap Horn, la côte de la terre de Feu est très irrégulière et brisée, étant effectivement composée d'un grand nombre d'îles. Elle est en général élevée, acore, sans bas-fonds ou bancs ; mais il y a beaucoup de roches presque à fleur d'eau, à deux et même jusqu'à trois milles de terre la plus voisine ; ce qui rend dangereux d'en approcher à moins de cinq milles, si ce n'est en plein jour et d'un temps clair ; on peut dans ce cas serrer la terre sans danger, parce qu'il y a beaucoup de fond, et que toutes les roches sont indiquées par le goëmon, de sorte que les vigies peuvent les apercevoir tout aussi bien que si elles étaient balisées. En évitant le goëmon on est sûr de trouver assez de fond pour les plus grands bâtimens sur toutes les côtes ; en même temps il faut songer que le goëmon venant dans beaucoup d'endroits d'une profondeur de 30 brasses, on peut en traverser des couches épaisses sans rencontrer moins de 6 brasses, cependant on doit toujours le regarder comme indiquant un danger et jusqu'à ce que l'endroit où on le rencontre soit soigneusement sondé, il est dangereux d'y passer ; en voici un exemple : après avoir sondé une couche épaisse de goëmon, avec un canot du Beayle, lorsqu'on croyait pouvoir la traverser en sûreté, on rencontra une roche n'ayant que quatre pieds de diamètre et seulement à une brasse de profondeur.

Vis-à-vis les vallées de l'Est, là où la terre est boisée et où l'on aperçoit l'eau tombant des ravins, le mouillage est assez ordinairement bon ; mais ces vallées sont exposées aux rafales terribles qui descendent des montagnes.

Le meilleur mouillage sur cette côte est celui où l'on rencontre une bonne terre, à l'ouest des terres élevées et à l'abri des îles basses.

Sous les hautes terres le vent du large n'est jamais aussi fort, à beaucoup près, que celui de terre ; mais la mer est nécessairement plus redoutable, à moins que l'on ne soit à l'abri des îlots.

Dans les endroits où la terre est composée de pierre, de sable ou d'ardoise, on trouve un grand nombre de mouillages ; mais où le granit se rencontre, il est difficile de mouiller.

Les sondes s'étendent jusqu'à 30 milles de la côte, entre 10 et 20 milles de la côte le fond varie de 60 à 200 brasses et est presque partout de sable fin blanc ou tacheté.

De 10 à 5 milles de distance, le fond varie de 30 à 100, le fond moyen de 50 brasses. En quelques endroits on ne trouve pas de fond à 200 brasses à moins de 5 milles de terre, les sondes sont très irrégulières, ordinairement moins de 40 brasses, mais quelques fois augmentant subitement jusqu'à 100 brasses et même davantage. Dans quelques endroits des roches s'élèvent à peu-près à fleur d'eau, ou même au-dessus.

Après avoir trouvé 50, 40, 30 ou 20 brasses dans la direction d'un bras de mer où l'on veut entrer, on trouvera probablement le fond augmentant de 60 à 100 brasses aussitôt que l'on entre dans le goulet. Dans les grands bras de mer derrière les îles il y a beaucoup plus de fond qu'en dehors.

Il y a un banc de sonde tout le long de la côte, à la distance de 20 à 30 milles, qui paraît avoir été formé par l'action continue de la mer sur la terre, en la rongeant pour former le banc avec le sable.

Entre les îles où il n'y a ni houle, ni ressort considérable il y a beaucoup d'eau et un fond très irrégulier ; un petit navire peut courir parmi les îles dans beaucoup d'endroits et trouver un bon mouillage ; mais il s'engage dans un labyrinthe d'où il ne pourra se retirer sans difficulté et même sans danger d'un temps brumeux.

Les brumes sont très rares sur cette côte, mais on y trouve fréquemment des pluies abondantes avec des vents frais; le soleil se montre peu, le ciel, même d'un beau temps, étant ordinairement nuageux. Un jour sans nuages est un événement rare.

TEMPS.

Les coups de vent se succèdent à de courts intervalles et durant plusieurs jours ; par fois le temps est d'un beau fixe pendant quinze jours, mais cela arrive rarement. Les vents d'ouest règnent pendant la plus grande partie de l'année. Le vent d'est souffle principalement dans les mois d'hiver et par fois il est très fort ; mais il est rare en été.

VENTS D'EST.

Les vents d'est amènent invariablement un temps clair et beau ; ils fraîchissent graduellement, le temps change et parfois ils terminent par un fort coup de vent, plus fréquemment ils fraîchissent jusqu'à faire prendre trois riz aux huniers, et diminuent ensuite graduellement, ou bien ils changent de direction. Le vent du nord est toujours maniable en commençant, mais il est accompagné ordinairement d'un temps plus chargé que le vent d'est ; il arrive presque toujours avec une petite pluie, en augmentant en force il varie graduellement vers l'ouest, et se trouve dans sa plus grande force entre le nord et le nord-ouest, accompagné d'un temps chargé d'épais nuages et d'une forte pluie ; quand la fureur des vents de nord-ouest est apaisée, ce qui arrive au bout de 12 à 50 heures, ou même pendant qu'il est encore fort, il passe quelques fois subitement au sud-ouest en fraîchissant.

VENTS DE SUD-OUEST.

Ce vent dissipe bientôt les nuages et dans quelques heures on a un beau temps, mais avec de fortes rafales par momens du sud-ouest ; ce vent dure en général plusieurs jours en soufflant avec force ; mais il devient maniable vers la fin et donne deux ou trois jours de beau temps. Les vents de nord recommencent ordinairement alors pendant les mois d'été, et tous les changemens de vent pendant cette saison se font du nord au sud en passant par l'ouest. Quant au temps le seul changement que l'on éprouve pour l'été est une température un peu moins froide avec des jours, plus longs.

PLUIES ET VENTS RÉGNANS.

On a plus ordinairement des vents et de la pluie pendant les grands jours que lorsqu'ils sont courts.

On doit se rappeler que le mauvais temps ne vient jamais subitement de l'est, et que les coups de vent du sud ou du sud-ouest ne sautent jamais subitement au nord. Les vents du sud et du sud-ouest s'élèvent subitement avec violence, ce qui doit être pris en considération lorsque l'on veut choisir un mouillage, ou bien se préparer à un saut de vent à la mer.

TEMPS ORDINAIRE.

Le temps le plus ordinaire est un ciel couvert avec

un vent frais , variable du nord-ouest au sud-ouest. Les avis ont été partagés sur l'utilité d'un baromètre dans ces parages. Je dois simplement dire que pendant douze mois d'épreuves continus d'un baromètre, j'ai trouvé leurs indications d'un très grand prix, leurs variations naturellement ne correspondant pas à celles des latitudes moyennes ; mais elles correspondent d'une manière remarquable avec celles des latitudes élevées de l'autre hémisphère en prenant le sud pour le nord (l'est et l'ouest ne changent pas).

Il y a un courant continuel sur la côte sud-ouest de la Terre de Feu, venant du nord-ouest au sud-est jusqu'aux îles de Diégo Ramios ; dans leur voisinage le courant prend une direction plus rapprochée de l'est, en contournant le cap Horn et vers l'île des Etats : au large il est est-sud-est. On a beaucoup parlé sur la force de ce courant, les uns disaient qu'il était un grand obstacle pour doubler le cap Horn, tandis que d'autres niaient presque son existence.

COURANT. — CÔTE SANS DANGER.

J'ai trouvé sa vitesse moyenne d'un mille par heure, sa force est plus grande pendant les vents d'ouest, moindre ou nulle pendant les vents d'est. Il est fort près de la côte, surtout dans le voisinage des caps avancés ou des îles détachées. Ce courant vient en quelque sorte de terre, ce qui diminue le danger d'approcher de cette partie de la côte. Il y a en effet beaucoup moins de risques en approchant de la côte qu'on ne le suppose ordinairement, puisqu'elle est élevée, acore, sans bancs de sable ou bas-fonds, sa position bien déterminée, avec une étendue de sondes de 20 à 30 milles de la plage, on ne doit pas la craindre beaucoup. Il est vrai que des roches se trouvent en grand nombre près de terre; mais elles sont hors de la direction de la route, une ligne tirée de cap en cap en commençant par l'apôtre le plus en dessous le long de la côte, fait éviter les dangers, excepté les (tours) qui sont escarpées et d'une certaine élévation au dessus de l'eau.

COUPS DE VENT DU SUD.

Les coups de vent du sud et les rafales du sud-ouest sont précédés et annoncés par des couches épaisses de nuages blancs, qui s'élèvent dans ces directions avec des bords roides et d'une apparence compacte.

VENTS DU NORD ET BEAU TEMPS.

Les vents du nord et du nord nord-ouest sont précédés et accompagnés de nuages volant à peu de hauteur, ainsi que d'un ciel très chargé où les nuages paraissent avoir une grande élévation; le soleil darde faiblement à travers ces nuages et a une apparence rougeâtre. Quelques heures ou même un jour avant un coup de vent du nord ou de l'ouest, il n'est pas possible de prendre une hauteur du soleil, quoiqu'il soit visible, la brume de l'atmosphère inférieur rend ses bords confus.

Quelques fois, quoique très rarement, on a quelques jours de fort beau temps avec un vent léger d'entre le nord nord-ouest et le nord nord-est. Ils sont suivis de coups de vent du sud et d'une forte pluie.

ÉQUINOXES.

Les mois équinoxiaux sont ordinairement les plus mauvais de l'année, comme partout ailleurs. On rencontre alors de forts coups de vent, quoique peut être pas à l'époque précise de l'équinoxe. Le plus mauvais temps a lieu dans les mois d'août, septembre, octobre et novembre; les vents d'ouest régnent alors avec de la pluie, de la neige, de la grêle et une température froide.

ÉTÉ.

Les mois les plus chauds sont décembre, janvier, février; les jours sont longs, et il fait beau temps quelques fois; mais de forts coups de vent d'ouest avec de la pluie sont fréquents pendant cette saison, qui ressemble très peu à ce que l'on appelle la belle saison.

AUTOMNE. — HIVER.

Le mois de mars, comme je l'ai dit, est orageux et peut-être le plus mauvais mois de l'année pour les coups de vents, mais il est moins pluvieux que les mois d'été. On rencontre le plus beau temps en avril, mai et juin; et quoique les jours diminuent, il y a plutôt apparence d'été alors qu'à toute autre époque. Il fait mauvais temps quelque fois pendant ce mois, mais plus rarement que dans les autres saisons. Les vents d'est sont fréquents, avec un beau temps fixe. A cette époque il y a quelque chance d'obtenir des observations suivies ; ce serait une véritable perte de temps que de chercher à comparer des chronomètres par des hauteurs égales dans toute autre saison.

Juin et juillet se ressemblent, mais il y a plus de vent d'est au mois de juillet ; le froid et la brièveté des jours, rendent ces mois très désagréables, quoiqu'ils soient peut-être les plus convenables pour gagner dans l'ouest, les vents d'est étant plus fréquens.

MOMENT LE PLUS FAVORABLE POUR DOUBLER LE CAP. HORN.

Les mois de décembre et dejanvier sont les meilleurs pour passer de l'Océan Pacifique à l'Atlantique ; quoique ce passage soit si court et si facile, qu'il ne vaut guère la peine de choisir son temps. Quant au passage de l'Océan Atlantique au Pacifique les mois d'avril, mai, juin.

TONNERRES, ÉCLAIRS ET RAFALES.

Le tonnerre et les éclairs sont rares. On reçoit de violentes rafales du sud et du sud-ouest annoncées par

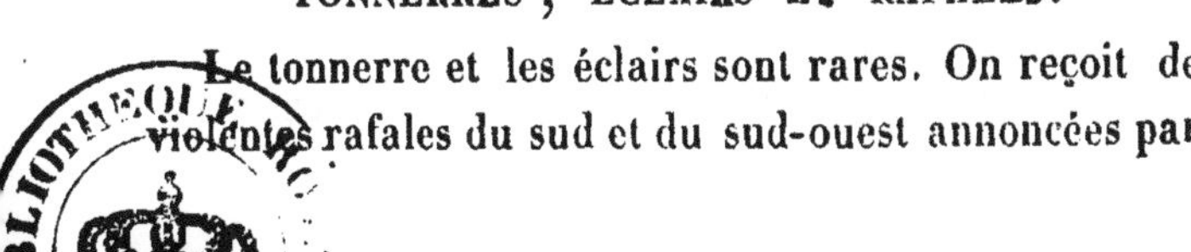

des masses de nuages ; elles sont rendues plus redoutables par la neige et par la grêle.

ENTRÉE DU DÉTROIT DE MAGELLAN.

L'entrée du détroit de Magellan est facilement reconnue par la grande ouverture qui se trouve entre les îles de sir John, Narbourouyh et le cap Pilarès.

RADE DE GOERCE.

Je ne connais point de dangers entre le cap Déciel et l'île Nouvelle (New-Island), mais cet espace n'a pas encore été suffisamment examiné. Dans la rade de Goerce il y a un très bon mouillage par 6 à 7 brasses fond de sable.

ILE LENNOX.

L'île Lennox aussi bien que l'île Nouvelle et la côte dans le voisinage, peuvent être approchées avec confiance, en se servant toute fois de la sonde et en veillant le goëmon.

On peut trouver un bon mouillage temporaire sous l'île Nouvelle, pour les vents d'ouest, ou bien mouiller sur la côte au nord : mais je ne connais pas un bon port entre la rade Richemond et la baie de Bon Succès dans le détroit de l'Email ; les sondes sont partout régulières dans ces parages et la côte est escarpée.

BAIE D'AGUIÈRES.

Cette baie, le port Espagnol et la baie Valentin ne

peuvent servir que comme mouillage temporaire pendant les vents de nord et d'ouest, étant très exposée au sud. La marée se fait très fortement sentir sur cette partie de la côte, occasionnant même des raz de marée et des remous près des pointes avancées. Au large, le courant des marées, porte vers le détroit de Lennox avec une vitesse de un à 3 nœuds par heure quand la mer monte et que le vent est à l'ouest. Pendant le jusan il est moins fort, et d'un vent d'est, il ne se fait pas du tout sentir.

MONT-BELL *(ou la cloche.)*

Le Mont-Bel est remarquable. En mer on l'aperçoit de fort loin, tant du nord que du sud ; il est haut et ressemble par sa forme à une grande cloche. Le cap de Bon Succès est élevé et gros ; quelques roches hors de l'eau en gisent à une petite distance.

La terre entre le Mont-Bell et la baie de Bon Succès est plus haute que celle qui est dans le voisinage des îles Lennox et New Island. Elle a plus de ressemblance avec la côte sud-ouest.

SONDES, DÉTROIT DE LEMAIRE,
CAP DU BON SUCCÈS.

Entre le cap Horn et l'île des Etats, on trouve des sondes régulières entre 30 et 80 brasses fond de sable. Les sondes à l'entrée sud du détroit de Lemaire sont semblables. Vers le nord le fond diminue et à deux milles du cap San Diégo il n'y a que 30 brasses fond de roches. Il n'y a d'autre obstacle dans le détroit que la marée, la terre entre le cap Bon Succès et l'anse dè Maurice est élevée et acore: un bâtiment peut en approcher autant qu'il est nécessaire. A un peu plus de deux milles, au nord-est (du Monde) du cap Bon Succès il y a un promontoire avancé qui paraît d'abord être ce cap : il y a dans ce voisinage deux îlots qui de loin ont l'air d'un navire.

BAIE DU BON SUCCÈS.

La baie du Bon Succès est à 6 milles au nord-est 1/4 nord, latitude sud 54° 50', longitude ouest 67° 33' (du Monde) de ces roches ; c'est un bon mouillage, très sûr, pourvu que l'on ne mouille pas trop près de la plage de sable du fond de la baie ; car pendant les coups de vent du sud-est, une forte houle, très dangereuse, entre dans la baie. La baie est entourée de hauteurs d'environ 1200 pieds au dessus de la mer, ce qui la rend sujette aux rafales pendant les forts coups de vent. Pendant les coups de vent d'ouest ces rafales sont violentes.

Le Broad-Road est une bonne reconnaissance de la baie, si la rentrée des terres ne l'indique pas assez. Le Broad-Road est une raie de terrain sans végétation sur la côte sud de la baie.

ANSE DE MAURICE. — CAP SAN DIÉGO.

L'anse de Maurice n'offre pas de mouillage ; c'est

uniquement un enfoncement plein de roches. De là jusqu'au cap San Diégo la terre est beaucoup plus basse et la mer près de la côte moins profonde. Le cap San Diégo est bas, mais on peut l'approcher; on trouve moins de fond dans l'est pendant environ 2 milles, que dans les autres parties voisines de cette côte. Il paraît qu'un récif avance du cap, sur ce récif il y a des bas-fonds, avec un fort remous et un raz de courant violent lorsque le vent est opposé à la marée.

CAP SAINT-VINCENT. — BAIE DE THÉTIS.

Au delà du cap Diégo la côte incline subitement vers l'ouest. Le cap Saint-Vincent est un promontoire de roches avec des monticules au dessus; entre ce cap et le cap San Diégo se trouve la baie de Thétis, assez bon mouillage pour les vents d'ouest et du sud, quoique le fond soit de roches en beaucoup d'endroits. A l'entrée la marée est très forte, ainsi il faudrait mouiller par le travers d'un monticule vert, à l'ouest de la baie et en dedans de l'entrée. On a de 6 à 12 brasses d'eau, fond de gros sable parsemé de rochers.

Au delà du cap Saint-Vincent, la côte incline vers l'ouest et le nord-ouest; elle est peu élevée, mais dans l'intérieur il y a des montagnes couvertes de bois. Des sondes régulières s'étendent à plusieurs lieues au large et il y a un bon mouillage sur toute la côte pour les vents d'ouest.

Les marées, dans le détroit de Lemaire, sont irrégulières, en les saisissant à propos elles contribuent à favoriser le passage du détroit.

DÉTROIT DE LEMAIRE.

Le détroit étant large et sans obstacles d'aucune espèce, les sondes régulières et la baie du Bon Succès à portée en cas de changement de vent et de marées, on peut y passer sans difficulté et sans danger. Si la marée est opposée à la direction du vent et de la houle, il y a un raz de marée au cap San Diégo, qui est dangereux pour les petits bâtimens ; il y a là un récif, et la mer y est forte. Nous l'avons éprouvé sur le Beayle, même dans les marées mortes ; mais il faut aussi dire qu'une autre fois dans les grandes marées nous passâmes cet endroit à mi-flot, avec belle mer ; quoique le courant fit de 3 à 4 nœuds à l'heure autour du cap et que l'on vit du remous dans toutes les directions, le bâtiment n'en gouvernait pas moins avec peu de difficultés.

MARÉES.

Il y a haute mer sur la côte de la baie de Bon Succès, et la mer est étale dans le détroit à 4 heures de l'après-midi, les jours de pleine et de nouvelle lune, et la mer est basse, et la mer est étale au large à 10 heures du matin ; elle monte de 6 à huit pieds suivant les vents : Au cap Pilarès le changement des marées a lieu à midi à peu près. Sur la côte sud-ouest et sur la côte sud-est l'heure retarde jusqu'à cet endroit, où il a lieu à 4 heures du cap San Diégo en allant vers le nord de la côte, le flot porte au nord et à l'ouest avec la vitesse d'un nœud à 3, le jusan porte en sens contraire ; mais avec moins de vitesse.

Dans le détroit de Lemaire, le flot va de 2 à 4 nœuds près du cap San Diégo, et d'un à trois à mi-canal, plus ou moins suivant la direction du vent. Le jusan porte au sud, faisant environ un nœud à l'heure, par fois quand un vent de nord s'oppose au flot, une sorte de mascaut se forme vers le cap San Diégo.

La baie du Bon Succès est un excellent mouillage de relâche pour les bâtimens de toute espèce. On y fait de l'eau et du bois ; mais il ne conviendrait pas pour un navire qui voudrait se réparer, à cause de la houle qui entre. On y est en sûreté ; mais en hiver, où les vents d'est sont fréquens, on ne doit pas mouiller aussi près du fond qu'en été.

ILE DES ÉTATS.

L'île des Etats est élevée et ses montagnes ordinairement couvertes de neige ; la côte vers le détroit est acore et raboteuse. Il n'y a d'autre danger que les remous et le raz de marée dans le voisinage du cap.

Le cap Saint-Antoine, le cap du milieu et le cap Saint-Barthélemy sont de gros promontoires élevés. Les sondes au nord sont régulières, et avertissent du voisinage de l'île des Etats ou du détroit de Lemaire.

LES ILDEFONSES. — BAIE DE TRÉFUSIS.

L'île Hope est à dix milles au sud-est de cette pointe. Les Ildefonses, grand groupe d'îles et de rochers attirent ensuite l'attention ; ils sont à 35 milles au sud-est 1° est (du Monde) du York Minister. Ils s'étendent à 5 milles du nord-ouest au sud-est, sont très étroits et ont cent pieds au dessus de la mer. Ils ont l'air, de la côte, d'une montagne brisée en beaucoup d'endroits par la mer, on peut en passer près, car il n'y a aucun danger. Les pêcheurs y cherchent des veaux marins. Il n'y a point de mouillage ni dans la baie de Tréfusis ni dans Rous-Sound. Le mont Beadiny est une hauteur remarquable à deux pics, derrière laquelle se trouve la baie de Auff, les îles de Morton et de Henderson, et l'entrée d'Indian-Sound.

Il peut y avoir de bons mouillages parmi ces îles, surtout à l'est de l'île Morton, dont l'apparence promettrait de l'abri et une bonne tenue ; à l'extrémité nord de l'île Morton il y a un bon mouillage, c'est la baie de Clead-Bottom, fond net.

ILES DIÉGO-RAMIOS.

Le point le plus élevé de ces îles a 150 pieds au dessus de la mer, il n'y a aucun danger caché dans leur voisinage ; elles s'étendent à peu près nord et sud dans un espace de 5 milles ; un navire peut passer entre le groupe du nord et celui du sud ; il y a des roches détachées au large de l'île sud, les plus en dehors sont au dessus de la surface de la mer. L'île du sud a une anse au nord-ouest, où des embarcations peuvent accoster, il y a de l'eau douce à la pointe est et tout près de ce débarcadère.

SONDES.

On peut se fier à leur position sur la carte, parce qu'elles sont liées par une triangulation avec les îles Henderson et Hermitte, d'où on les voit. Il y a des sondes des deux côtés, mais à une trop grande profondeur pour y mouiller, excepté au sud-est. Entre les îles Diégo-Ramios et Hermitte, il n'y a aucun espèce de danger. Le faux cap Horn est un promontoire très remarquable, il a l'apparence d'une grande corne ; il sert de guide pour trouver le meilleur mouillage de la côte, la baie d'Orange.

BAIE D'ORANGE.

Pour mouiller dans cette baie il faut passer à l'est du faux cap Horn, en le serrant d'aussi près que l'on veut, en gouvernant ensuite au nord-est (du Monde), pendant 4 milles on se trouve par le travers de la pointe Lort, où s'ouvre une baie large de 2 milles; on peut y mouiller par 8 ou 10 brasses, fond de sable fin. Il y a quelques roches au dessus de l'eau dans la partie nord. Au delà de la pointe qui forme le côté nord de la baie se trouve une petite anse avec 18 brasses de fond au milieu. Plus loin il y a une autre anse qui est plus grande, après cela vous découvrez la baie de Schapenam ; en gouvernant au nord du Monde, depuis la pointe Lort, on arrive par le travers de la baie d'Orange.

BAIE DE SCHAPENHAM.

Cette baie a un mille et demi de large ; il y a une petite roche noire au dessus de l'eau, un peu au nord. De son milieu on voit du goëmon en quantité sur un fond de roches en tête de la baie, et une grande cascade qui fait parfaitement reconnaître cet endroit. Il y a un mouillage près de la pointe sud, par 10 à 15 brasses d'eau ; mais je ne conseille pas d'en faire usage, tandis qu'en allant plus loin on rencontre un mouillage excellent, ou même on peut mouiller à l'entrée en sûreté.

La terre, derrière les anses dont j'ai parlé, est élevée et raboteuse, on voit deux pics ayant l'air de guérites ; près de la plage la terre est basse en comparaison des autres parties de la côte, et n'a pas l'aspect repoussant de la côte ouest. On reçoit des hauteurs des rafales subites et violentes pendant les vents d'ouest. Il n'y a aucune difficulté à approcher et choisir un mouillage, le vent étant généralement du large et les sondes régulières. Les sondes à mouillage s'étendent à 2 milles de la côte devant la baie d'Orange. L'entrée de la baie a 3 milles de large, et dans cette partie il y a 18 à 20 brasses fond de sable tacheté. Il y a deux îles, la plus grande ayant l'apparence d'une dune au milieu ; derrière ces îles est la rade, carrée d'un mille et excellent mouillage, sans roches ou bancs. Dans les deux caranques sur la côte sud il y a bon mouillage pour les petits navires ; le fond varie graduellement de 5 à 20 brasses, il est partout de sable fin et tacheté.

CAP HORN.

Sur la plus sud des îles Hermitte se trouve le cap Horn ; il n'y a rien de frappant dans l'apparence de ce promontoire vu de loin, il est plus remarquable si on en passe près, faisant voir des hauteurs escarpées et noirâtres vers le sud, il a plus de 500 pieds au dessus de la mer. Il n'y a point de danger dans le sud ; on peut approcher ces îles sans hésitation.

CAP OUEST MONTAGNES.

Le cap Ouest est bas, la terre au fond de l'anse Saint-Martin est haute et raboteuse ; les îles Wollaston et Herschel ont aussi des crêtes de montagnes, le pic de Kata, la terre la plus haute (après le mont Hide), sur ces îles, a 1700 pieds au dessus de la mer.

COURANT PRÈS DU FAUX CAP HORN.

Dans le canal entre le faux cap Horn et les îles Hermitte, il y a un courant qui porte dans la baie de Nassau et un peu vers les îles Hermitte, filant 2 nœuds de flot et un demi nœud seulement de jusan ; comme ce courant porte un peu vers le cap Ouest, il faut en tenir compte en passant. Le canal Franklin est dégagé et sans autres dangers que ceux portés sur la carte.

Dans la baie de Nassau les boussoles s'engourdissent et ont besoin d'être surveillées avec soin pour éviter des erreurs.

PORT MAX-WEL

Le port Max-Wel est un mouillage parfaitemet sûr, et on n'y est pas incommodé par des rafales subites, mais il est un peu hors de la route ; quoiqu'il ait quatre entrées il n'y en a que deux praticables à des navires, celles qui sont au nord et à l'est. Le meilleur mouillage est par 16 brasses fond de sable fin ; cette rade est incontestablement bonne ; mais il faut du temps et de la peine pour y arriver. Le passage entre ces îles a du fond et il n'y a pas de danger ; il y a quelques roches mais elles sont audessus de l'eau et couvertes de goëmon. Des roches se trouvent au large de la pointe sud de l'île Chanticlad mais trop près pour exiger beaucoup d'attention. A un mille à l'ouest du cap Horn il y a trois rochers qui sont ordinairement au dessus de l'eau, la mer y brise toujours.

CAP DECEIL.

De la côte du cap Horn au cap San Diégo il y a quelques petites roches et des brisans, au large de la pointe est de l'île Horn ; au cap Deceil il y a plusieurs roches, toutes hors de l'eau, et à 2 milles au sud-est du Monde il y a un groupe s'élevant à 30 ou 40 pieds au-dessus de la surface de la mer.

COURANT.

Par le travers du cap Horn le courant est aussi fort que dans tout autre endroit de la côte, il est loin d'être régulier du cap Horn au cap Pilarès : quelques fois d'un vent fort et au flot il file 2 nœuds à l'heure, et d'autres moments il est à peine sensible ; dans aucun cas je ne l'ai trouvé portant à l'ouest.

Les îles Barnevelt gisent à 11 milles au nord-est quart est (du Monde) du cap Deceil, la carte et l'esquisse en donnent une description suffisante, il en est de même pour les îles Evoute, ainsi que pour l'aspect de la côte du cap Horn, jusqu'au cap Bon Succès.

RADE EXCELLENTE. — ILE DE BAT.

L'eau et le bois sont abondants, la meilleure aiguade est dans une petite anse au nord appelée (water cove) anse de l'eau. La rade pourrait contenir une armée de vaisseaux de ligne et fournir ses approvisionnemens en eau et en bois. Il y a plusieurs petits îlots au large de la pointe nord, dont il ne faut pas trop approcher; au reste ils ne sont pas dans la route. Il y a une île singulière ayant l'air d'un bât à 6 milles au nord nord-ouest du Monde du mouillage extérieur.

La baie d'Orange est un peu ouverte au vent d'est: mais il est rarement fort et en outre favorable pour les navires allant dans l'ouest ; il n'y a pas de houle, les îles Hermitte l'empêchent.

COURANT ET MARÉES. — ILES HERMITTE.

Le courant n'est pas digne d'attention ; les marées de 6 pieds de haute mer à 3 heures et demi vis-à-vis de la péninsule de Hardy, (sur la côte est de laquelle est la baie d'Orange) se trouvent les îles Hermitte, on ne les a pas examinées au nord, leurs côtes sud sont portées avec exactitude sur la carte.

OBSERVATIONS sur la navigation dv Cap Horn, extruite d'un voyage vers le pole sud, exécutées dans les années 1822, 1823 et 1824, par James Weddell.

Beaucoup de commandans qui ont doublé heureusement le cap Horn en se rendant dans l'Océan Pacifique ont traité avec une dérision non méritée les relations faites par le commodore Anson sur cette navigation.

Je suis tout-à-fait convaincu par ma propre expérience que le mois de mars peut produire toutes les détresses décrites par le journaliste. Le capitaine Porter, qui doubla le cap avec la frégate l'Essex en mars 1824 s'exprime ainsi : En vérité nos souffrances pendant le cours de notre passage ont été si grandes que je dois prévenir les capitaines destinés pour l'Océan Pacifique, de ne jamais tenter le passage du cap Horn s'ils peuvent s'y rendre par toute autre route.

Cependant les difficultés qui existent en exécutan

ce passage disparaissent en choisissant la saison propre qui doit au moins faire gagner beaucoup de temps et moins endommager le bâtiment.

Au commencement de novembre les vents commencent à souffler du nord-ouest et continuent à être fréquents de cette partie jusque vers le milieu de février, alors ils varient au sud-ouest. Pendant ces mois les vents d'ouest ne durent pas, et de ce moment le passage peut être facilement exécuté. Depuis le 20 février jusqu'au milieu de mai, les vents sont généralement entre le sud-ouest et le nord-ouest et soufflent avec une grande violence ; durant ces intervales nul vaisseau ne doit tenter de passer le cap Horn, à moins qu'il ne soit bien équipé. Du milieu de mai à la fin de juin les vents dominent de la partie de l'est, accompagnés de beau temps, pendant ces six semaines un bâtiment peut contourner le cap Horn en vue de Diégo Ramios. En juillet, août, septembre et octobre les vents dominants sont entre le sud-ouest et le nord-ouest, mais en août et septembre les vents sont plus particulièrement à la tempête. A l'égard de la route que doivent tenir les vaisseaux pour doubler le cap Horn, elle dépend beaucoup de la saison de l'année, ainsi que de la force des vents d'ouest dominant. Je préfère dans tous les temps passer dans l'ouest des îles Falkland et dans la saison d'été passer par le détroit de Lemaire, parce qu'il raccourcit la route de 50 à 60 milles, et que cette route ne peut-être suivie d'aucun danger s'il reste assez de jours pour retourner sur ses pas dans le cas où on serait surpris par des vents du sud à l'entrée méridionale du détroit.

Le cap Horn se trouve dans le sud sud-ouest du cap Bon-Succès et sont distants l'un de l'autre de 31 lieues, dans cette distance se trouve l'île *Barnewelt*. Si l'on avait l'intention d'aller chercher un mouillage aux environs du cap Horn la nuit en faisant route au sud-ouest quart ouest (on évite la baie dont les courans renvoient parmi les îles de l'entrée du détroit de Nassau.)

La route du sud en partant du détroit de Lemaire pour passer dans le sud du cap Horn, tirant à l'ouest et passant à peu de distance au sud de Diégo Ramios, est la route la plus convenable à suivre.

Les bâtiments qui se rendent dans l'ouest dans la saison d'été doivent se tenir sur les rivages de la terre de Feu dans l'après-midi, où le vent sera souvent trouvé au nord-ouest et ouest dans la matinée.

Ces observations se rapportent aux saisons que j'ai recommandées pour doubler le cap Horn. Mais pendant les mois qui sont accompagnés des plus violentes tempêtes ; savoir : mars, août et septembre, jai seulement à recommander l'avis donné par le commodore Anson, celui de se tenir dans le sud par la latitude de 60 degrés où la mer est plus régulière et les vents plus égaux. Si cependant un vaisseau se trouve dans la nécessité de côtoyer et de prendre un mouillage, les instructions suivantes peuvent servir.

La situation élevée du cap Horn indique de suite le voisinage de la baie Saint-François, dans laquelle sont situés deux hâvres parfaitement sûrs pour tout vaisseau de quelque tirant d'eau que ce soit ; leur approche est si facile qu'il ne faut que remarquer que Whigt Core est la seconde ouverture du côté de l'ouest de la baie, et en faisant route en prolongeant la côte de l'ouest environ nord quart nord-est on la trouvera facilement. Quant aux violentes rafales de nord-ouest qui viennent de la Crique, un bâtiment fait bien de mouiller à l'entrée où l'on trouve 21 brasses d'eau fond de sable et de vase et d'attendre l'occasion favorable pour se touer dans la Crique jusqu'à ce que Soud-Head ferme le cap Horn, alors le mouillage est parfaitement sûr.

Le second hâvre de cette baie est indiqué sous le nom de hâvre de Max-Well, l'entrée est du côté du nord, entre Sacols-Island et Fernand-Island, mais elle est si étroite qu'avec un vent contraire un bâtiment est obligé de mouiller à l'entrée et de se touer dans l'intérieur, ce qui peut être fait à loisir, toutes les parties du canal étant parfaitement saines ; la mer y est si tranquille qu'on pourrait ensûreté réparer un bâtiment. Le bois y est abondant du côté du sud ; on y trouve de l'eau en divers endroits , en continuant d'avancer dans l'ouest on trouve d'abord New-Year-Sourd , il y a plusieurs ancrages dans ce canal , mais Indian-Core peut être considéré comme le plus commode.

L'île Indienne se trouve à l'ouverture de cette Crique , elle reste à 16 milles à l'ouest de l'île Sanderson qu'on trouve à l'entrée de ce canal. Le mouillage de cette Crique se trouve dans le fond et dans le coin du sud par 14 à 15 brasses d'eau à environ 3 encâblures de temps ; dans beaucoup d'autres parties le fond est plein de roches et l'eau profonde. L'entrée n'ayant guères que trois cinquièmes de mille de largeur un bâtiment louvoyant contre un fort vent sud-ouest, doit être manœuvré avec précision pour profiter des variations de vent qui ont lieu à l'entrée de la baie. Les buteurs et les îlots sont indiqués par des herbes marines calcinées et peuvent être facilement évités. A l'entrée de la Crique du côté du sud à mi-canal se trouvent 2 patches ; il y a trois brasses d'eau sur celui qui est le plus à terre et 8 sur celui qui est au large. L'établissement du port est à 3 heures 55 minutes et la marée monte d'environ 7 pieds. On y trouve du bois et de l'eau en abondance , on peut faire de l'un et de l'autre commodément.

Clear-Bottom-Bay est un mouillage qui se trouve près de la côte, il convient parfaitement pour un bâtiment qui aurait besoin de bois et d'eau ; pour y entrer venant de la mer, relevez la plus orientale des îles Fonson et gouvernez au nord demi-ouest sur terre point. A environ un mille et demi dans l'est nord-est de cette pointe se trouve le mouillage à trois encâblures du rivage ; par 22 brasses d'eau se trouve un excellent bassin fond de sable et d'argile.

Une terre d'un aspect particulier que je nomme *Léadiny Moutani* dans la partie orientale de la baie de Daft, peut être aperçue de la mer d'une distance de 6 à 7 milles, elle indique l'entrée de la baie. Une vue de cette montagne et des terres adjacentes est jointe à la présente instruction.

Les sondes de Diégo Ramios sont exécutées à un demi-mille de l'Ile du Sud, du côté de l'est il y a trente brasses dans le fond, sable vert fin, les marées y sont régulières quand les vents y sont modérés, et d'après le rapport de mes officiers qui sont restés plusieurs jours sur l'île, l'établissement du port est de 2 heures 15 minutes et la mer monte d'environ 5 pieds. Le flux au contraire de ce qui a été dit dans les premiers rapports fut observé courir au nord-est et sa direction est évidemment sud-ouest. Entre beaucoup des principales îles les courants qui sont occasionnés par les vents régnants s'entremêlent tellement avec les marées qu'il est difficile de déterminer leur direction propre.

Staten Laud offre plusieurs mouillages, (hâvre). Celui de Saint-Jean du côté du nord est près de la partie la plus sud-ouest. Il y en a un entre autres que je connais plus particulièrement. D'après la vue de terre que j'ai jointe ici l'entrée de ce hâvre peut-être aisément trouvée.

L'étale est le temps de la marée le plus propre à donner dedans, vu qu'à l'entrée qui est étroite les vents jouent et qu'ils pourraient faire courir quelques risques lorsque le courant a acquis de la force dans cet étroit passage. Le hâvre court ouest sud-ouest environ un mille un quart, le mouillage se trouve au fond par 12 brasses fond vaseux, et dans beaucoup d'autres endroits la profondeur est de 20 brasses fond de roches. Il se trouve dans ce hâvre une étendue de plage d'une bonne encâblure de largeur dans laquelle un petit bâtiment peut être réparé. Le bois et l'eau sont en abondance et à proximité du rivage, le bois ressemble beaucoup à celui de la terre de Feu, aucune pièce n'étant assez forte pour la construction. A la partie orientale de l'île est une très-forte marée que l'on doit soigneusement éviter quand le vent est fort et cinglant le long de la côte de Patagouri au sud-ouest de la rivière de Santa-Crux. Les vaisseaux ne doivent pas s'approcher à une profondeur moindre de 10 brasses vu qu'il se trouve en beaucoup d'endroits des chaînes de roches qui s'étendent à plus d'un mille du rivage.

La rivière de Santa-Crux ne s'aperçoit pas d'une grande distance, mais elle peut être aisément trouvée par la latitude. La rencontre des marées forme un banc aux environs de l'entrée, sur lequel il n'y a qu'une brasse et demi de basse mer. A la pointe méridionale de l'entrée il y a une chaîne de roches qui découvre de basse mer et du côté du nord de la bonne passe il y a une battue, laquelle est probablement changeante.

La remarque pour entrer dans la rivière est un morne au milieu de l'entrée restant au nord-ouest quart ouest du compas; après avoir passé les pointes qui forment l'entrée, on aperçoit deux inégalités du côté du sud : dans la seconde se trouve le meilleur mouillage et par 5 brasses fond de gravier et d'argile. Tout le côté du nord de la rivière est rempli de bas-fonds, de basse mer; le courant de flot porte au nord-ouest sur la côte, et dans les forts vents du sud il continue à se faire sentir deux heures après que la mer est pleine au rivage.

OBSERVATIONS SUR LES VENTS ET LE TEMPS.

Le plus violent et le plus durable de tous les vents qui soufflent dans le voisinage du cap Horn vient du sud variant quelques fois d'une pointe ou deux de chaque bord; j'ai vu souvent le vent commencer par un grain et continuer, dans les temps de tempête, 35 et 40 heures de suite; l'horizon du sud couvert de gros nuages blancs montant sur un fond bleu et accompagnès de grains de neige indiquent la longue durée des vents. Un calme complet succède à ces vents, ce qui cependant n'est pas très fréquent. Les vents d'est commencent invariablement par une légère brise, elle augmente par degrés et devient une forte brise ; mais quand elle varie de l'est au sud-est on peut s'attendre généralement à un fort vent accompagné de pluie et de neige. Le vent de nord vient aussi par degrés, et vers la fin, qui est généralement de 30 heures, il amène de la pluie, alors il saute au sud-ouest sans cesser de souffler et continue de cette partie 12 à 15 heures. Tous les vents sont d'une plus courte durée en été qu'en hiver, et l'on peut remarquer qu'un bâtiment peut mouiller partout pour s'abriter du sud-ouest sans craindre un saut de vent au nord-ouest ; mais on doit se garder du contraire vu que le vent change du nord-ouest au sud-ouest en continuant de souffler avec une grande violence. Dans les vents les plus forts, les vents de nord-ouest soufflent avec une grande force, quand ils se lèvent rapidement près de ce point et durent généralement 12 à 14 heures. Au sud-ouest du cap Horn ils soufflent généralement avec moins de violence, mais ils sont plus durables en été. Les vents de sud-ouest et nord-ouest soufflent fréquemment pàr bouffées pendant 6 à 7 heures (de la force d'un bon frais), alors ils se modèrent et s'inclinent vers le nord-ouest.

Dans l'été j'ai observé la coïncidence du beau temps avec de légers vents d'est, au temps de la nouvelle lune quand sa déclinaison est sud, et j'ai remarqué qu'au temps de la pleine lune les vents soufflent avec force de la partie du nord-ouest.

Cependant comme il y a beaucoup d'expérience à l'action naturelle des vents chassés par les localités, j'ai trouvé qu'il était impossible d'établir un système satisfaisant pour déterminer le vent et le temps ; nous devons par conséquent nous en tenir à l'approximation dans ces matières.

DE L'ATTERRAGE DU FLEUVE DE LA PLATA.

Cet atterrage est ordinairement indiqué sur le cap Sainte-Marie, mais les marins-pratiques du fleuve préfèrent l'atterrage sur l'île Lobos ; le cap Sainte-Marie est une pointe basse difficile à reconnaître, elle se confond avec la côte qui est elle-même très basse, dénuée de points remarquables et bordée partout d'une plage de sable. Un des plus grands inconvéniens de cet atterrage, est de faire courir le risque de manquer le fleuve ou son entrée. Les courans à l'embouchure de la Plata portent souvent au nord-est et avec d'autant plus de vitesse qu'on est plus près du cap Sainte-Marie, ils sont favorisés par les vents qui dans une saison régnent fréquemment du sud au sud-ouest. Il devient impossible de doubler Lobos. Enfin si dans cet atterrage on était surpris par des vents frais de l'est sud-est ou sud-est on se trouverait dans une mauvaise position.

L'atterrage sur l'île de Lobos n'a pas le même désavantage que celui de Sainte-Marie, les vents qui permettent d'atterrer sont bons pour continuer la route, et si l'on était obligé de prendre le large ils seraient d'autant meilleurs qu'on serait plus au sud de l'île de Lobos; cette île n'est peut-être pas plus élevée que le cap Sainte-Marie, mais on peut l'approcher dans toutes les directions à un mille de distance. Un petit rocher s'étend ou se détache dans l'est nord-est, il est à peu près à un mille de terre, peu élevé sur l'eau et accompagné d'un brisant qui se voit toujours.

Il y a mouillag tout au tour de l'île, par 15 et 18 brasses fond de vase, le passage est pratiquable entre cette île et la terre du nord, mais il est préférable de passer au sud; si l'île de Lobos ne peut être vue de plus loin que le cap Sainte-Marie, il n'en est pas de même des hautes terres de Muldonado, elles peuvent être aperçues de 12 à 15 lieues de beau temps; elles sont reconnaissables en ce qu'à l'est la terre est tout-à-fait basse et unie. En approchant on découvre l'île de Lobos de 3 à 4 lieues de distance, elle est basse et sans inégalité remarquable de terrain.

Si les vents dépendent du nord lors de l'atterrage, comme alors les courans porteraient au sud, il serait convenable de se tenir sur le parallèle de Lobos ; si au contraire ils dépendent du sud, les parallèles de 35 degrés 10 minutes à 35 degrés 15 minutes seraient à préférer. On ne doit pas craindre de dépasser la longitude de Lobos, les sondes avertissent toujours de l'entrée en rivière, sur le parallèle du banc Anglais le brassiage est moins considérable que plus au nord et plus au sud, le fond sur ce parallèle est de gravier, sable, cailloux et petites pierres. Plus vers le nord le fond se mêle quelques fois de vase ou argile molle ; au nord du parallèle du banc des Anglais, le fond est de vase argileuse molle ; au sud de ce même parallèle le fond est de sable fin, gris, quelques fois vaseux ; sur le parallèle de Lobos le fond est de vase argileuse mêlée de coquilles brisées, ce fond se rencontre jusqu'au parallèle du cap Sainte-Catherine (Marie.)

ROUTE DE L'ILE DE LOBOS A CELLE DE FLOUS.

Après avoir reconnu et doublé celle de Lobos à un ou deux milles au sud, on gouvernera à l'ouest du du compas, dans cette route on rencontrera devant soi, un peu par tribord, l'île de Flous ; les sondes dans ce trajet diminuent graduellement, de 19 brasses que l'on trouve à 2 milles de Lobos à 8 que l'on a à

1 et demi ou 2 au sud de l'île de Flous. Pour être dans le chenal, le fond doit toujours être de vase ou argile molle de couleur olive foncée ; si l'on s'écarte de la route dans le sud le fond devient plus dur, diminue et se mêlange de sable et de gravier, cailloux ou petites pierres ; à mesure que l'on s'approche du banc Anglais. Plus au nord que la route le fond ne diminue pas sensiblement, il est toujours de vase ou argile molle, mais il devient beaucoup plus ferme dans la route de Lobos à Flous. On aperçoit l'île de Flous à 5 ou 6 lieues de distance de beau temps ; elle paraît d'abord comme deux petits îlots détachés, bientôt après on en voit un troisième, enfin du milieu elle se voit entièrement. Elle est en général très basse, il y a quelques ruines de cabanes, au milieu on a jeté les fondemens d'une tour qui doit avoir un phare. (Ce phare existe en 1836.)

ROUTE DE FLOUS A MONTÉVIDÉO.

Du sud de Flous, de 1 à 2 milles de distance, la route pour Montévidéo est l'ouest sud-ouest jusqu'à ce que l'on relève le Seno au nord-ouest du compas, alors on gouvernera en se guidant dessus, soit que l'on veuille prendre le mouillage de vaisseau, qui est extérieur, soit pour entrer en rade de Montévidéo. On pourrait également passer au nord de l'île de Flous, mais le passage au sud est plus sûr, la première passe étant obstruée par plusieurs roches dangereuses, dont la position mal déterminée, rend cette navigation difficile sans pratique du fleuve; après avoir dépassé l'iile de Flous on observera de ne pas ranger de trop près la pointe Brava près de laquelle il y a plusieurs roches sous l'eau, on évitera aussitôt de s'approcher de la côte à moins d'un mille et demi depuis cette pointe jusqu'à l'entrée de Montévidéo.

MOUILLAGE EXTÉRIEUR DE MONTÉVIDÉO.

Ce mouillage est par 5 à 6 brasses d'un fond de vase argileuse molle, d'une assez bonne tenue, à ce mouillage on est à l'abri de tous les vents qui prennent du nord, entièrement exposés aux pampéros et très incommodés par les vents du sud-est à l'est sud-est qui y occasionnent une grosse mer.

MOUILLAGE INTÉRIEUR DE MONTÉVIDÉO.

Les brigs et les corvettes sont les plus grands navires qui puissent entrer dans cette rade, la profondeur de l'eau est peu considérable, on ne trouve que de 15 à 17 pieds d'eau environ. Le fond est d'une vase flottante qui fait que la tenue y est mauvaise, la plus grande profondeur et le meilleur mouillage est à un tiers de distance de la ville à la côte du Seno.

L'affourche de la rade est sud-est et nord-ouest, il convient d'empanacher l'ancre du sud-est, la mer y devient très grosse dans les pampéros et les vents de sud sud-est qui y donnent en plein sont les seuls à craindre. Dans cette rade on est parfaitement à l'abri de tous les vents passant par l'est et le nord, du sud sud-est au sud sud-ouest. Il y a un bon débarcadère construit en bois, il est parfaitement bien entendu; l'eau est difficile à faire, cependant on peut s'en procurer de basse mer à l'embouchure du Rio-Colorado, petite rivière qui se jette en rade près du fort Ratores au pied du Seno; la ville offre peu de ressource pour la navigation, les approvisionnemens en vivres frais y sont faciles.

DU BANC ANGLAIS.

Le banc Anglais, bien déterminé dans la partie septentrionale, ne paraît pas avoir été suffisamment exploré dans celle du sud-est; les pratiques soupçonnent l'existence de hauts fonds, qui s'étendraient dans cette direction qui est à vingt milles. Ils conseillent d'éviter l'approche du banc à cet air de vent, et de se tenir plus sud que le parallèle de 36 minutes pour entrer en rivière en passant du côté méridional de ce banc.

PAMPÉROS.

Les vents les plus violents de la rivière sont ceux connus sous le nom de pampéros, ils sont particuliers à ces parages et ne se font pas sentir au nord au delà de l'île Sainte-Catherine ; ces vent soufflent ordinairement de l'ouest sud-ouest au sud sud-ouest, ils sont plus fréquents de mars en septembre que de septembre en mars, mais on observe que dans cette dernière saison ils sont plus violents ; la durée des pampéros est en raison inverse de leur intensité. Les pratiques observent qu'ils durent rarement plus de trois ou quatre jours : il y a quelques signes caractéristiques qui précèdent ces vents : 1° les eaux du fleuve baissent tout à coup, le baromètre descend beaucoup, puis il remonte un peu avant le coup de vent ; le temps d'abord très clair en annonce l'approche, les vents avec ce temps sont assez réguliers, les eaux remontent vers le nord, les vents sautent successivement ouest nord-ouest, nord nord-ouest, et nord-ouest, et s'il pleut dans les grains ils arrivent promptement à l'ouest où très ordinairement ils tombent tout-à-fait ; le ciel pendant ce temps est couvert de nuages qui, chassés par les vents qui règnent d'abord, disparaissent promptement ; un nuage noir paraît à l'horizon de l'ouest vers le sud, il s'étend peu à peu sans beaucoup s'élever, bientôt il embrasse une grande partie de l'horizon, le calme règne, des éclairs répétés de plus en plus partent du nuage, et de toutes parts le tonnerre gronde, le temps devient de plus en plus menaçant, la pluie commence et dès les premières gouttes le vent souffle avec toute sa violence ; les pampéros finissent comme ils commencent, le vent cesse tout à coup, quelques fois néanmoins ils passent au sud sud-est et sud-est, ils tombent progressivement, le temps reste beau pendant quelques jours.

OBSERVATIONS SUR LE FLEUVE DE LA PLATA.

Les instructions publiées en 1825 par la Société de pilotage de Buénos-Ayres, pour la navigation intérieure de la Plata de Montévidéo à Buénos-Ayres, sont excellentes et elles deviendraient faciles au pilote, 1° si les terres de la côte méridionale du fleuve étaient plus apparentes ou balisées ; 2° si les marées suivaient une marche régulière pour qu'il fût possible de faire entrer dans l'estime de la route de manière à pouvoir y compter. Les terres de la côte méridionale de la Plata sont très basses et on ne distingue souvent que les arbres, ce qui oblige à une grande pratique pour savoir à quelle partie de la côte ils appartiennent.

DES COURANS ET DES MARÉES.

Les courans ne sont assujettis à aucune règle, ils varient sans cesse ; les vents ont une grande influence sur leur durée, leur force et leur direction, leur durée n'est quelques fois qu'instantanée et par fois elle se prolonge d'une manière fort extraordinaire, il devient impossible d'établir quelques règles positives à cet égard. Cependant les marées se succèdent avec quelque régularité; dans les très beaux temps, lorsque les vents sont modérés, il est rare que la mer monte à plus de 5 à 6 pieds, elle descend quelques fois beaucoup au dessous du niveau ordinaire, à l'approche des pampéros la mer monte souvent à la côte méridionale lorsqu'elle descend sur la rive opposée. Le contraire a également lieu. Ces causes rendent la navigation de la Plata difficile et oblige à une surveillance scrupuleuse tant pour la mesure du chemin et celle du brassinage, que pour l'observation et la qualité du fond.

DU LOCH DE FOND.

Pour mesurer le chemin avec quelque exactitude, il est nécessaire faire usage du loch de fond. On observera par la direction que prendra la ligne, quelle sera celle dans laquelle les courants porteront ; les sondes ne méritent pas moins d'attention, la qualité du fond est un des meilleurs guides pour cette navigation, dans tout le chenal de Montévidéo à Buénos-Ayres le fond est toujours de vase ou argile molle, le plomb entre et tient au fond, cependant dans la partie du chenal comprise entre la pointe sud-est du banc d'Hortez et celle du sud-est du banc Chico, la vase est plus ferme, quelques fois un peu dure, aux acores du banc et de la côte le fond devient dur, le plomb ne rapporte que du sable mêlé de coquilles brisées.

MOUILLAGE DE BUÉNOS-AYRES.

Le mouillage pour les grands bâtimens est à neuf milles de la ville par huit brasses d'eau fond de sable un peu vaseux, mauvaise tenue; on est exposé à ce mouillage, de tous les vents; ceux de l'est au sud-est sont les seuls qui y occasionnent une mer incommode.

ILES, BANCS ET RÉCIFS

Qui ne sont pas portés sur les Cartes françaises

DU GRAND OCÉAN ET AUTRES MERS.

NOMS DES ILES, BANCS OU RÉCIFS	LATITUDES			Longitudes rapportées au méridien de Paris.		
Iles Maqueris.	54°	48'	S	157°	30'	E
Rosaretta's Réef (vue en 1807).	30	26	S	171	4	E
Rosaretta's Réef (vue en 1811), (Breakers). Cette position est plus probable que la 1re. . . .	30	18	S	177	3	E
Ducie's-Island (v. en 1801, 1807)	24	45	S	124	30	O
Cambell's-Island (vue en 1793 par le sloop de guerre Saint-Bounty, capitaine Bligh. . . .	52	43	S	167	15	E
L'île d'Alexandre	69	30	S	77	20	O
L'île Pierre.	69	30	S	92	20	O
L'île Hunted ou Onaseuse.	15	31	S	173	51	E
Avon's Island (le milieu)	19	30	S	155	53	E
Pertés de Hermès's-Réef.	27	46	N	178	20	O
Roreburg's-Island	21	36	N	162	»	O
Keen's-Réef (vue en 1825). . . .	21	9	N	153	29	E
Salas's-Island	26	30	S	105	30	O
Ile de Katshof (Rogewin en 1722 et Kotzebue en 1825) le milieu	15	27	S	145	24	O
Ile Pred-Priveje (Kotzebue 1825)	15	58	S	140	2	O
Ile Bottinghausen. idem. .	15	48	S	154	30	O
Ile Kod-od-Kew (vue par M. Freycinet en 1819 et ap. l'île Rose.	14	39	S	168	6	O

NOMS DES ILES, BANCS OU RÉCIFS.	LATITUDES	Longitudes rapportées au méridien de Paris.
Ile Saxembourg	30 15 S	30 41 O
Ile de l'Ascension	20 58 S	36 48 O
Vigie sur la côte du Brésil	25 41 S	47 17 O
Basse de la Licorne (corvette de charge sur laquelle elle a passé en 1816, à 1 heure après-midi, temps clair)	1 3 S	17 46 O

Recueillis en 1824, 1825 et 1826, à bord de la frégate la Thétis.

DÉCOUVERTE D'UNE ILE.

Extrait du journal du navire danois la Dania, *capitaine Mathieu MATAN, venant de Landernbury.*

Le 25 janvier 1806, par une brise modérée de nord-ouest et un temps très clair, je vis une île d'environ 200 pieds d'élévation sur 1000 de longueur, que je place par 58° 2' 30" de latitude sud, et 80° 22' de longitude à l'ouest du méridien de Greenwich (82° 42' 15" à l'O. de Paris; à 16° 37' O. du cap Saint-Jean (île des Etats). Cette longitude a été déterminée par un chronomètre. J'ai nommé cette terre l'île Christian.

Le temps paraissait noir aux deux extrémités, la Dania en était à moins de 4 milles, et le capitaine était complétement sûr que ce n'était pas un banc de glace.

Note communiquée par le commodore Masson, commandant la frégate la Blonde et la station anglaise dans les mers du Sud.

FIN.

BIBLIOTHEQUE ROYALE
I

www.ingramcontent.com/pod-product-compliance
Ingram Content Group UK Ltd.
Pitfield, Milton Keynes, MK11 3LW, UK
UKHW021952260726
13994UKWH00004B/1691